Prima edizione: 3 aprile 2023

Diritto d'autore© *2022 Marcos Cervantes Janssen*

A cura di Lettera editoriale@il giorno

https://www.youtube.com/channel/UCQ12Xlt8oQOaWAhAiboXPUA

https://www.instagram.com/newtekjanssen/

https://www.facebook.com/LETRA3ROJA

https://www.newtek.janssen@gmail.com

https://twitter.com/Letra3Roja

https://newtekjanssen.es.tl/

letra3roja@gmail.com

BREVETTO

ISBN: 9798390351673

QUANDO, DOVE E COME.

Di: Marcos Cervantes Janssen

INDICE:

- **PREFAZIONE:** 5
- **INVENTORE:** 7
- **INNOVATIVO:** 9
- **IMPRENDITORE:** 11
- **AUTORE:** 13
- **CREATORE:** 15
- **PROGETTISTA:** 17
- **COMPOSITORE:** 19
- **INVESTIGATORE:** 21
- **GUIDA:** 23
- **CONSOLIDATORE:** 25
- **DONATORE:** 27
- **MENTORE:** 29
- **VISIONARIO:** 31
- **ISBN:** 33

PREFAZIONE:

Questo lavoro è l'esempio pratico di un brevetto, perché in questo libro ti mostrerò che puoi brevettare la tua idea, progetto o dispositivo attraverso il Desktop Publishing; Ti darò tutti gli strumenti necessari affinché tu possa raggiungere questo compito. La brevettazione è stata nel corso della storia, il modo in cui la nostra tecnologia si evolve in modo legale ed equo per i creatori. È di vitale importanza brevettare immediatamente ogni idea originale e innovativa che si ha, poiché il passare del tempo ha dimenticato le grandi invenzioni ei loro autori originari. Leggi attentamente e chiaramente ciascuna delle raccomandazioni, solo praticando e facendolo, sarai in grado di completare questo compito per trascendere, contribuendo con il tuo intelletto e capacità.

Siamo un unico sistema interconnesso e veramente tutti noi senza eccezioni abbiamo bisogno degli altri. Le idee nascono a momenti, così come fugacemente svaniscono, motivo per cui documentare trascende la mente umana attraverso il tempo, oggi può essere il momento preciso per trascendere, lasciando un'eredità utile, documentando in modo conciso e valido. Ogni mente che arriva sul pianeta è in grado di contribuire all'evoluzione collettiva della nostra civiltà. Ogni tua idea è potenzialmente trasformativa, presenta al mondo questo contributo personale o collettivo, in modo veramente pratico. Vi ringrazio per l'attenzione e sono sicuro che la vostra idea sarà di grande beneficio per tutti noi, senza ulteriori indugi per ora passiamo al primo capitolo, ricordate se volete brevettare, questo è il posto giusto, il momento e il modo personale più appropriato per farlo. GIÀ!!!!!!!

INVENTORE:

Quando l'ignoto diventa noto, nasce l'invenzione, se hai idee che emergono dalla tua mente e sei entusiasta di esprimerle agli altri, il tuo percorso è quello di un INVENTORE. La soluzione a migliaia di problemi quotidiani e specifici richiede inventori determinati a rompere il silenzio e la timidezza. Quando improvvisamente nella tua mente visualizzi la soluzione ipotetica e sperimenti le possibilità di successo funzionale, l'inventiva in te è attiva. Ora, se effettui la sperimentazione di questa invenzione modellata nella tua mente e ha successo, l'inventore deve brevettare tale invenzione per la sua conservazione e legittimità. La parola inventare è l'ingresso in una finestra sconosciuta, e quindi attraversare l'avventura dell'esplorazione mentale, con il chiaro scopo di risolvere e interagire con un bisogno, un problema o un desiderio di scoprire. Inventare è stato nella storia l'azione quotidiana del progresso. Avendo nuove tecnologie, teorie e ipotesi nascono dalla costante inventiva umana. Sei un Inventore, ma non lo dai per scontato, perché ti sembra un percorso troppo difficile e complicato, in questo libro, che è di per sé un Brevetto, vedrai la possibilità di esercitare la stessa opportunità che è a disposizione di ciascuno di noi; cioè essere un legittimo e vero inventore. In questo modo avrai una reale opportunità di trascendere, in ragione dell'invenzione al servizio degli altri, ricordando che ogni problema ha più di una soluzione, volendo essere scoperto da un inventore di coraggio e determinazione. Entrare in questa finestra del futuro è compito di chi ha gli occhi puntati sul futuro e le mani sul presente, senza dimenticare il passato come esperienza inventiva.

INNOVATIVO:

Quando nasce un'idea di miglioramento, come risultato di una soluzione già data, si chiama innovazione, ogni nuova edizione di un libro è un'innovazione del titolo originale, questo nel settore è chiamato come revisione in modelli innovativi per prestazioni migliori . L'innovazione non è un'invenzione nata dal nulla, ma è ugualmente importante, poiché il miglioramento continuo in tutti gli aspetti ci porta all'efficienza attraverso l'eccellenza. Il processo di innovazione richiede un alto grado di analisi e proposta di miglioramento. L'innovazione è l'essenza dell'evoluzione tecnica nel settore, così come il miglioramento continuo in quasi tutti i processi amministrativi e tecnici. Innovare è mettersi in gioco a livello progettuale, per ottenere una nuova revisione, versione o edizione, a seconda dei casi.

Per innovare, dobbiamo invitare il maggior numero possibile di alternative, nella soluzione pratica e reale, del problema in questione, è così che l'efficienza e la praticità si elevano nel loro calore e operatività, attraverso i processi di innovazione generati. La tecnica di brevettazione, attraverso l'edizione bibliografica, consente l'innovazione del proprio brevetto, attraverso nuove edizioni del titolo brevettato. ogni revisione un'edizione migliorata, ampliata e rivista. Innovare il modo di esporre il nostro brevetto è l'essenza di questo lavoro, che una volta compreso e assimilato, ci porterà senza dubbio alla solida costruzione delle nostre fondamenta e ai primi passi in questa nuova era di sfide trascendentali. Precisò che l'invenzione primaria non deriva se non dalla mente diretta dell'Autore e inventore in questione.

IMPRENDITORE:

Un vero imprenditore non ha paura del fallimento, perché come imprenditore capisce che essere un inventore o un innovatore ha bisogno di coraggio e incoraggiamento per affrontare questa avventura. Intraprendere è cominciare, così come sappiamo; ogni inizio richiede uno sforzo di grande impegno e sfida. Scoprire quali nuovi orizzonti sono stati dimenticati non è piacevole, motivo per cui l'imprenditorialità richiede grande perseveranza e astuzia. Iniziare richiede sempre energia extra, quindi l'imprenditorialità, come un antipasto, inizia con un big bang creativo, che è fondamentale nell'evoluzione e nel cambiamento dinamico; Per questo l'impresa è un'azione creativa e volontaria con finalità futuristiche, attraverso un presente ordinato, energico e propositivo.

Essere un imprenditore è essenziale per creare un nuovo brevetto, così come modificare l'opera letteraria per la sua descrizione e registrazione. In questo modo otterrai un **ISBN**, **(Numero di libro standard Internazionale),** con cui l'idea ha già autore e proprietà intellettuale. L'imprenditorialità letteraria è il modo più pratico e praticabile per stabilire la paternità delle tue idee, progetti e invenzioni. Quest'opera che hai in mano rappresenta, in sostanza, tale funzione. Questo libro è l'impresa attraverso la quale i brevetti possono essere realizzati in modo pratico e diretto. Ogni impresa che compi, documentelo subito in bozze in prima istanza, con il chiaro obiettivo di renderle pubbliche, sotto la sua paternità. In questo modo sarai quindi Autore e titolare dei diritti legalmente registrati su quanto scritto e documentato.

AUTORE:

Ordinando le tue idee in modo personale ed automatico, secondo la tua strategia precedentemente praticata, potrai essere l'unico, esclusivo autore di tali idee in modo reale e tempestivo. Essere un autore è veramente importante per il tuo sviluppo personale come inventore. Pertanto, esercitando la paternità dei tuoi progetti attraverso la corretta documentazione letteraria, ti porterà a possedere il tuo brevetto. È così, a livello internazionale, grazie agli attributi de lISBN, **(numero di libro standard internazionale).** È così che in questo lavoro di 33 pagine vi porterà a sperimentare la paternità dei suoi progetti. Essere costruttori della nostra civiltà è un compito eccezionale; questo in una qualsiasi delle aree esistenti e da realizzare. Ricorda che essere un autore è di natura universale.

L'autorialità creativa e inventiva coinvolge tutti i campi della ricerca e dello sviluppo tecnologico, nonché l'area artistica. All'interno di tutti questi rami da sviluppare, ci saranno più argomenti da documentare, come; scienza, musica, poesie, medicina, psicologia, specialità, ecc. Essere autore è colui che promuove la propria divulgazione per condividere il proprio essere. Solo come un vero autore puoi donarti agli altri. La conoscenza acquisita ed esperienziale che risiede in te, puoi trasferirla agli altri con i tuoi mezzi, essendo questa una delle massime come esseri umani. Ogni problema risolto è degno di acquisire un significato generazionale, ed è attraverso la scrittura che dura più a lungo senza deviazioni e diluizioni. Essere autore comporta anche imparare per sempre come stile di vita, è così e solo così che la padronanza della vita diventa nostra.

CREATORE:

Una creazione consiste nella correlazione interattiva di elementi e idee, componenti e composizione, è così che la materia prende forma, che le partiture si trasformano in melodia. Essere un creatore è confortare l'individualità, un sistema organizzato e funzionale, è unificare attraverso accoppiamenti intelligenti, una struttura con una propria identità. Creare non è un atto di generazione spontanea, ma piuttosto una profonda evoluzione di idee materializzate. Essere creatore è procreare per gli altri, contribuire al bene comune, far nascere soluzioni ed espressioni che trascendono il tempo e lo spazio; Quindi siamo creazione e creazionisti in questa esistenza in continua evoluzione.

CREARE È CREDERE E DARE AGLI ALTRI QUELLO CHE PROMUOVE DAL NOSTRO INTERIORE.

La proprietà del Creatore è assegnata all'entità sovrana, che l'umanità ha identificato come DIO, con questo possiamo vedere quanto l'umanità consideri importante l'esercizio di tale attività, con la quale sembra che la creazione sia di natura divina, così come noi umani siamo divinità il cui scopo e virtù possediamo per eredità. Creare è l'unico modo per evolvere in modo integrale, portando così la nostra civiltà oltre i desideri terreni già conosciuti. Brevettare ogni nostra creazione è nostro diritto e dovere, questo in favore dell'ordine che ha generato la nuova civiltà umana; che si crea, creatrice e rinnovatrice, nel suo eterno cammino. Quindi, siamo umani con una consapevolezza sveglia per progredire, in questa esistenza analoga, piena di sfide da risolvere.

CREARE è CREDERE nel vero POTERE.

PROGETTISTA:

Progettare è il compito di dirigere i nostri pensieri creativi in modo ordinato. Il designer dirige quei sogni, che non sono stati ancora realizzati, attraverso strategie, metodi e strumenti per la conformazione e il compimento di questo. Essere un disegnatore di libri richiede lavoro, più che virtù. Quando il tuo brevetto è incarnato su fogli di carta, il design di questo materiale è essenziale per la chiara rappresentazione del brevetto in questione. Il design va dalla nascita dell'idea alla consumazione del brevetto dato in questione.

Documentare è sempre stato il modo più sostanziale per ereditare la saggezza, in questo caso il design è fondamentale perché l'accuratezza e la precisione determinano la copertura editoriale del brevetto. Ogni progetto documentato è altamente riproducibile, tanto che è possibile commercializzare le idee attraverso questo metodo di brevettazione. Progettare un libro è il modo migliore per esercitare la brevettazione editoriale. Un Designer è un progettista per eccellenza, i suoi progetti sono creazioni premeditate con un alto grado di consapevolezza e visione attiva.

TRE PAROLE SCRITTE DANNO PIÙ DI MILLE PAROLE IN ONDA.

COMPOSITORE:

All'interno dell'argomento dei brevetti, la musica ha un posto molto importante, poiché è attraverso di essa che la cultura e l'istruzione vengono trasmesse di generazione in generazione, scrivere musica è una tecnica che richiede conoscenze speciali. Ci vuole attenzione e molto tempo per padroneggiare la scrittura di spartiti, mettendo così la musica su carta per la conservazione ereditaria.

Comporre musica comporta l'arte di esprimere situazioni mentali con melodia e capacità tecnica, grammaticale, questo sentimento come idea precisa. Oltre alla scrittura, è molto importante anche leggere e interpretare i versi di musica il più fedelmente possibile. È così che la brevettazione delle melodie avviene solo attraverso partiture scritte. La trasmissione delle melodie attraverso il suono o l'addestramento meramente manuale, perde la sua accuratezza da una generazione all'altra, non così quando è incarnata su carta, è possibile riprodurre e preservare la paternità completa della sinfonia nella sua interezza. Interpretare la musica è un'arte sublime, ma comporre musica è una vocazione e una virtù incomparabili per lo sviluppo umano e la sua storia, è così che ogni cultura, regione e gruppo sociale imprime i suoi sentimenti su questo percorso di esistenza.

COMPORRE È CO CREARE LA BELLEZZA DELL'ESISTENZA.

INVESTIGATORE:

I metodi di ricerca sono il modello della scoperta tecnologica della nostra storia come umanità, la ricerca è in noi, pura natura per la nostra perpetuità. È per tale motivo che la nostra mente semprecercherà, reinventa tutto ciò che impari. Ogni volta che analizziamo le informazioni, in noi si accende la ricerca nella verifica e nell'ampiezza di tale argomento. Corroborare è il nostro compito di ricercatori naturali, verificare ogni situazione e informazione, ribadire la nostra conoscenza di cose e situazioni.

NON È CHI SA DI PIÙ, MA CHI FA DI PIÙ, CHE TRASFORMA LA NOSTRA SOCIETÀ.

Ricercatore è colui che non si ferma ad osservare, ma colui che dinamicamente raccoglie informazioni e, secondo un ordine e una strategia, riesce a rivelare risultati. I metodi di ricerca, così come le capacità personali per svilupparli, convivono sotto la stessa visione, di creare oggi nel presente, sulla base del passato analizzato, un futuro strutturato secondo le linee guida della purificazione e del miglioramento. La ricerca in modo naturale è corretta, inoltre la ricerca pianificata, basata su strutture sperimentali, darà senza dubbio risultati migliori e in minor tempo. Basato solo sulla permanenza e sulla dedizione, ***un brevetto è sempre il culmine riuscito di una ricerca scrupolosa e scrupolosa***.

GUIDA:

L'impulso ricevuto ad intraprendere un'innovazione proviene da diverse fonti, la più importante e permanente è il proprio interno personale. Sia per desiderio che per influenza esterna, ogni impulso in noi dovrebbe a sua volta essere trasferito agli altri. Così, come promotori della nostra realtà, saremo in grado di favorire lo spirito degli altri. Un essere che è un vero promotore, promuove e contagia i suoi simili, per camminare di nuovo rinnovato. Questo lavoro guida la tua decisione di prendere sul serio la tua inventiva intellettuale e, attraverso documentari scritti come questo, generi innovazioni, idee e miglioramenti nell'ambito dello schema dei libri registrati a livello internazionale. Ti invito, attraverso la scrittura, l'impaginazione e la modifica del tuo progetto, a generare opere letterarie che vengano lette in tutto il mondo, sotto le diverse protezioni del diritto d'autore offerte dal Modificare, oggi come autori indipendenti. Ricorda che ogni progetto finito, porterà con l'esperienza, alla risoluzione nel momento opportuno. L'esperienza nell'utilizzo dei metodi e delle attrezzature designate a questo scopo, danno evidenti risultati di impulso.

PROMUOVIAMO LA CREAZIONE DI BREVETTI ATTRAVERSO LA EDITAZIONE DI LIBRI DIGITALI. (ISBN)

CONSOLIDATORE:

Se sei arrivato fino a questa linea di lettura, è tempo di cementare la tua idea come brevetto. Non esitare oltre e scrivi con cura la tua invenzione, scoperta, innovazione o creazione, qualunque sia il genere, così, in questo modo, consolida sulla carta ciò che è nella tua mente da molto tempo.

Ricorda che anche le ipotesi sono soggette a brevetto.

Sappiamo che il metodo scientifico richiede la sperimentazione per la sua validità, ma non è essenziale per il suo consolidamento come oggetto di brevetto.

Per questo ti consiglio di farne subito tua e salvaguardare la tua proprietà intellettuale prima che il tempo, più le occupazioni quotidiane, ti distraggano. La dissipazione mentale fa sì che il consolidatore non porti a termine il suo compito, per questo è vivamente consigliato abbreviare i tempi decisivi, e reagire subito, all'espressione delle idee sulla carta, non lasciare in gioco ciò che può trascendere e cambiare ciò che è necessario per il bene comune. Ricorda che chiudere i cicli è sempre di vitale importanza per continuare ad evolversi e trascendere attraverso il consolidamento responsabile delle nostre azioni, decisioni e creazioni.

Con la solidità, il successo è più certo.

DONATORE:

È il tema principale dei creatori, poiché l'erogazione di contributi si basa sul donarsi e poi ricevere ciò che corrisponde per causa ed effetto. Se il vostro contributo alla brevettazione è di questa natura, è di vitale importanza offrirlo per iscritto e riprodotto per la conoscenza del maggior numero di beneficiari. Ricorda che un brevetto è un dare, ad altri, con la chiara realtà dei diritti d'autore; tanto più che il motore dell'invenzione è il continuo miglioramento della nostra specie. In questo modo si ottiene, di conseguenza, il giusto profitto per il nostro benessere e quello della nostra comunità.

Dare il meglio del proprio intelletto nell'autopubblicazione promuoverà, per sua stessa natura, il brevetto in questione, nonché le indicazioni per il suo utilizzo e riproduzione. Questo libro è specificamente progettato per istruire attraverso il brevetto editoriale, la realtà di esso. Sta verificando che questa idea sia vera e pratica, è il DAR dell'opera, per ciascuno dei potenziali creatori. Viene così data la possibilità di brevettare in modo pratico, semplice, tempestivo e reale. Dare il proprio tempo per imparare a scrivere e progettare il design corretto per ciascuno dei brevetti è il compito individuale di ogni persona con questo meraviglioso profilo. Ricorda questa verità umana, **DARE È AMORE.**

MENTORE:

Se l'idea da brevettare è già ben chiara nella tua mente, fai una bozza, passo dopo passo, con tutti i dettagli, perché sarai il mentore di chi deve capire il tuo brevetto in quel momento. Ogni brevetto è un lascito per altri, quindi il servizio di insegnamento è esercitato per vocazione. Ricorda sempre che come parte di un tutto, io e te abbiamo imparato, motivo per cui è nostro dovere insegnare, guidare ed educare le nuove generazioni. Così, come mentori, possiamo avvalerci di questo importantissimo strumento che è la pubblicazione di opere letterarie. Ogni mentore richiede una fonte affidabile come backup, quindi è indicato un libro.

Il mentore è un maestro che guida e fa in modo che l'apprendimento approdi a una pratica reale, poiché accompagna il discepolo in questione per tutto il tempo necessario. Un mentore offre anche il suo volto come amico e non solo come autorità docente. Un mentore diventa una famiglia attraverso questo percorso regale di apprendimento, per questo motivo la loro relazione va oltre l'informazione oggettiva. Ogni esperienza trasferita deve quindi essere accompagnata da un'esperienza precedente, motivo per cui ogni scritto diventa un mentore quando diventa legalmente valido e riconosciuto per la sua esistenza influente. Un brevetto è un mentore per chi ce la fa ad innovare le proprie attuali conoscenze.

VISIONARIO:

Una delle più grandi motivazioni che sicuramente hai vissuto è quella di rivelare ciò che hai innovato o scoperto dentro, per aiutare o dimostrare che questa o quella situazione ha una soluzione. Essere un visionario è vedere ben oltre i propri interessi, che ovviamente sono una priorità nella vita di tutti. Ogni volta che affronti un problema quotidiano e trovi nella tua mente una nuova soluzione, il tuo cervello proietterà un futuro migliore nel tuo pensiero, e questo non solo per il bene individuale ma anche per un bene comune ampio ed esteso.

Pianificare il futuro ed essere uno stratega è davvero essere un visionario aggrappato a risultati reali e tangibili. La visione è quella che si forma nella nostra mente, ma è reale, nel modo in cui compiamo atti per la sua corroborazione, e l'uso pratico. Essere visionari in materia di brevetti è lasciare un'eredità a disposizione di tutti. Una scoperta, un progetto o una conformazione richiede una visione completa della nostra vita, che si ottiene imparando dal passato, correggendo nel presente e vivendo sempre un futuro creato da noi stessi. Puoi solo bilanciare il presente con le sue due componenti ai suoi lati, passato e futuro, esperienza e pianificazione, fondamento e soffitto.

ISBN:

Come epilogo parlerò direttamente del **ISBN**, **(numero di libro standard internazionale),** Che in questo stesso libro che stai finendo di leggere, è stampato sul retro della copertina, in questo caso questo numero è **ISBN: 9798390351673** ed è già parte del web, www lo porta in tutto il mondo e in ogni momento, quindi diffonderlo è un compito inclusivo per il nostro obiettivo primario. Potremo brevettare il maggior numero di innovazioni, scoperte e tecnologie, attraverso trattati mondiali e permanenti di edizione registrata per auto indipendenti. Basso costo e copertura universale. Un codice ISBN èseparare e personale, è ilID di un'opera nella sua interezza, rendendo l'autore proprietario di detto documento.

Ricorda che in un trattato, saggio o scritto, Maggio catturare in dettaglio, tutto ciò che corrisponde alla tua idea, dispositivo, innovazione o ipotesi, diagrammi di dati eil riposo informazione, sotto unonumero Registrato in tutto il mondo e valorizzato in tutto il mondo come proprietà intellettuale dell'autore relativo a detto ISBN Di seguito lascio il QR per la registrazione, il pagamento e quindi l'ottenimento.

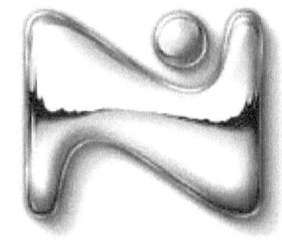

Tutti i diritti riservati. Sotto le sanzioni stabilite
nell'ordinamento giuridico, è severamente vietato,
senza l'autorizzazione scritta dei proprietari del Diritto *d'autore*©
la riproduzione totale o parziale di quest'opera da parte di
qualsiasi mezzo o procedura
riprografia e trattamento
computer.

www.ingramcontent.com/pod-product-compliance
Lightning Source LLC
Chambersburg PA
CBHW031558210526
45464CB00003B/1336